Energetik von Reaktionen: Verbrennungskalorimetrie

Ein Versuchsprotokoll

Leonard Verbunden

Bibliografische Information der Deutschen Nationalbibliothek:

Die Deutsche Nationalbibliothek verzeichnet diese Publikation in der Deutschen Nationalbibliografie; detaillierte bibliografische Daten sind im Internet über http://dnb.d-nb.de abrufbar.

ISBN: 9783389038710
Dieses Buch ist auch als E-Book erhältlich.

Gliederung

1. Einleitung

Die Wärmemenge q die bei einer chemischen Reaktion umgesetzt wird, ist eine in der Industrie relevante, thermodynamische Größe. Wenn uns diese Größe quantitativ bekannt ist, können wir auch andere relevante Größen, beispielsweise für die Konstruktion von Reaktionsgefäßen, ermitteln. Da die Wärmemenge q nicht direkt messbar ist, müssen wir sie über die Messmethode der Kalorimetrie bestimmen.

2. Aufgabenstellung

Bestimmen Sie experimentell die zeitliche Änderung der Kalorimetertemperatur bei der Verbrennung einer bekannten Menge Benzoesäure (als Kalibriersubstanz) und einer festen organischen Substanz.

Berechnen Sie:

- die Temperaturdifferenzen ΔT für beide Verbrennungsvorgänge

- die mittlere Temperatur T_m für beide Verbrennungsvorgänge

- die Kalorimeterkonstante C_{Kal}

- den stöchiometrischen Faktor Δv_g aus der Reaktionsgleichung der zweiten Substanz

- die Änderung der molaren inneren Energie $\Delta_c U_m$ und die Verbrennungsenthalpie $\Delta_c H_m$ der zweiten Substanz

Schätzen Sie die Fehler für ΔT und T_m.

Berechnen Sie den Größtfehler, nach $\Delta Y = \left| \frac{\delta Y}{\delta X_1} \cdot \Delta X_1 \right| + \left| \frac{\delta Y}{\delta X_2} \cdot \Delta X_2 \right| + \cdots + \left| \frac{\delta Y}{\delta X_n} \cdot \Delta X_n \right|$, für $C_{Kal}, \Delta_c U_m$ und $\Delta_c H_m$ und alle Zwischenergebnisse, wobei Sie die Korrekturen für Ruß und Draht vernachlässigen können.

Geben Sie auch die relativen Fehler an!

3. Theoretische Grundlagen – Einführung benötigter Formeln und Definition wichtiger Größen

3.1 Grundlagen und Definition wichtiger Größen

Die wichtigste Messgröße bei der Kalorimetrie ist die Temperatur T_m. Mit Hilfe der Temperaturdifferenz ΔT, welche wir nach der Übertragung unserer Messreihen aus dem Temperatur-Zeit-Diagramm ableiten können, ist es uns über folgende Gleichung möglich, die bei der Reaktion umgesetzte Wärmemenge ΔQ zu errechnen.

$$\Delta Q = C_{Kal} \cdot \Delta T \tag{1}$$

C_{Kal} ist die Wärmekapazität des Kalorimeters (Kalorimeterkonstante). Sie gibt an, welche Wärmemenge vom Kalorimeter bei einer Temperaturänderung um 1 K aufgenommen bzw. abgegeben wird. Diese Kalorimeterkonstante wird durch die Verbrennung einer Kalibriersubstanz, in unserem Fall Benzoesäure, ermittelt.

$$C_6H_5COOH \ (s) + 7{,}5O_2 \ (g) \ \xrightarrow{\Delta_cH_m = (-3228 \pm 4) \text{ kJ mol}^{-1}} \ 7CO_2 \ (g) + 3H_2O \ (l) \tag{2}$$

Auf die Berechnung der Kalorimeterkonstante möchten wir im nächsten Unterpunkt genauer eingehen.

Über die mit Gleichung 1 berechnete Wärmemenge ΔQ können wir ΔU und ΔH berechnen. Fundamental hierfür ist der erste Hauptsatz der Thermodynamik, welcher besagt, dass die Änderung der Inneren Energie ΔU sich aus der Summe der Änderung der Wärmemenge ΔQ und der Änderung der Arbeit ΔW ergibt.

$$\Delta U = \Delta Q + \Delta W \tag{3}$$

Im Allgemeinen unterscheiden wir zwei Arten von Arbeit: die Volumenarbeit und die elektrische Arbeit. Letztere spielt für den Versuch keine Rolle. Wenn als Arbeit also nur Volumenarbeit auftreten kann, so ergibt sich folgende Gleichung.

$$\Delta U = \Delta Q - p \cdot \Delta V \tag{4}$$

Da wir davon ausgehen, dass bei unserer Verbrennungsreaktion das Volumen konstant bleibt ($\Delta V = 0$), also keine Volumenarbeit W verrichtet wird (isochorer Prozess), ergibt sich aus Gleichung 3 folgendes Gleichung.

$$\Delta U = \Delta Q \tag{6}$$

Mit Hilfe der Gleichung 6 können wir nun unmittelbar von der Änderung der Wärmemenge die Änderung der Inneren Enthalpie erschließen.

Um nun ΔH zu berechnen, betrachten wir die Enthalpie H. Die Enthalpie H ergibt sich aus der Gleichung

$$H = U + p \cdot V \tag{7}$$

$$\Delta H = H_B - H_A = \Delta U + \Delta(p \cdot V) \tag{8}$$

Bei isobaren Reaktionen gilt unter Einbezug der Gleichung 3 folgende Gleichung.

$$\Delta H = \Delta Q \tag{9}$$

3.2 Bestimmung der gesuchten Größen Δv_g und $\Delta_c U_m$, $\Delta_c H_m$

Zur Bestimmung der Änderung der molaren Inneren Energie $\Delta_c U_m$ und der molaren Verbrennungsenthalpie $\Delta_c H_m$ bei Verbrennungsprozessen müssen wir zunächst mit Hilfe der Gleichung 1 die Verbrennungswärme ermitteln. Hierbei können wir ΔT aus den Temperatur-Zeit-Diagrammen entnehmen und C_{Kal} aus unserer Berechnung mit Hilfe der Kalibriersubstanz, siehe Unterpunkt 3.3.

Mit Hilfe der folgenden Gleichung können wir die Änderung der molaren Inneren Energie $\Delta_c U_m$ für die zweite Substanz berechnen

$$\Delta_c U_m = \frac{-C_{Kal} \cdot \Delta T_{Substanz} - \left(m_{Draht\,(vorher)} - m_{Draht\,(nachher)}\right) \cdot Q_{Draht} + m_{Ruß} \cdot Q_{Ruß}}{n} \tag{10}$$

Die molare Verbrennungsenthalpie $\Delta_c H_m$ können wir nun über Gleichung 11 bestimmen. Hierbei müssen wir jedoch noch Δv_g über Gleichung 13 bestimmen. Dabei ist Δn_g die Änderung der Stoffmenge der gasförmigen Bestandteile bei der Verbrennung.

3.3 Bestimmung der Kalorimeterkonstanten über eine Kalibriersubstanz

Die Kalorimeterkonstante C_{Kal} wird zwingend benötigt, um mit Hilfe der Gleichung 1 die bei der Reaktion umgesetzte Wärmemenge und die daraus bestimmbaren thermodynamischen Größen $\Delta_c U_m$ und $\Delta_c H_m$ zu bestimmen. Um die Konstante zu berechnen benötigen wir eine Kalibriersubstanz mit sehr genau bekannter Verbrennungsenthalpie. Hierzu eignet sich z.B. Benzoesäure.

Mit Hilfe folgender Gleichung bestimmen wir zunächst $\Delta_c U_m$.

$$\Delta_c H_m = \Delta_c U_m + \Delta v_g \cdot R \cdot T_m \tag{11}$$

Diese Gleichung wird nun nach $\Delta_c U_m$ umgestellt.

$$\Delta_c U_m = \Delta_c H_m - \Delta v_g \cdot R \cdot T_m \tag{12}$$

Für Δv_g gilt

$$\Delta v_g = \frac{\Delta n_g}{n} = -0,5 \tag{13}$$

Somit ergibt sich für $\Delta_c U_m$ folgende Gleichung, in welche nur noch die mittlere Temperatur T_m aus dem Temperatur-Zeit-Diagramm für die Verbrennung von Benzoesäure und die bereits bekannte molare Verbrennungsenthalpie $\Delta_c H_m$ für Benzoesäure eingesetzt werden muss.

$$\Delta_c U_m = -3228\,kJ \cdot mol^{-1} + 0,5 \cdot 8,314\,J \cdot mol^{-1} \cdot K^{-1} \cdot T_m \tag{14}$$

Mit Hilfe der uns nun bekannten molaren Inneren Energie $\Delta_c U_m$ können wir nun die Änderung der Wärmemenge ΔQ berechnen. Unter Berücksichtigung der Gleichung 6 (da isochore Reaktion) und der Einbeziehung der durch den Zünddraht zusätzlich freigewordenen Wärmemenge und der unvollständigen Verbrennung den Benzoesäure zu Ruß, können wir nun mit Hilfe folgender Beziehung die molare Verbrennungsenthalpie berechnen.

$$\Delta Q_c = \Delta_c U_m \cdot n + (m_{Draht\ (vorher)} - m_{Draht\ (nachher)} \cdot Q_{Draht} - m_{Ruß} \cdot Q_{Ruß} \tag{15}$$

Mit Hilfe der umgestellten Gleichung 1 können wir nun problemlos die Kalimerterkonstante C_{Kal} berechnen, welche wir für die Berechnungen der zweiten Substanz unter gleichen äußeren Bedingungen verwenden könne.

$$C_{Kal} = \frac{\Delta Q}{\Delta T} \tag{16}$$

4. Beschreibung der Versuchsdurchführung

4.1 Geräte und Chemikalien

- Kalorimeter, bestehend aus:

    - Kalorimeterbombe

    - Wasserbad mit Deckel

    - Rührer

    - Quecksilberthermometer mit der Skaleneinteilung 0,01 K)

    - Quarztiegel

    - Zünder

- Multimeter

- Zünddraht aus Eisen

- Formhülse zum Pressen der Tablette

- 0,3 g Benzoesäure als Kalibriersubstanz

- Phenolphtalein

4.2 Versuchsbeschreibung

In unserem Versuch zu Ermittlung der Wärmemenge verwenden wir ein Flüssigkeitskalorimeter, auch Bombenkalorimeter genannt (vgl. Radtke). Es wird vorrangig für Reaktionen mit sehr schnellem Wärmeaustausch verwendet, daher eignet sie sich für die zu untersuchenden Verbrennungsreaktionen gut. Da es sich nur um ein sehr einfach gebautes anisothermes Kalorimeter handelt, muss der Wärmeaustausch zwischen Kalorimeter und

Umgebung berücksichtigt werden. Hauptbestandteil des Flüssigkeitskalorimeters ist die Bertholet-Mahlersche Verbrennungsbombe.

Zu Beginn des Versuches werden ungefähr 0,3 g der zu untersuchenden Substanz (Kalibriersubstanz Benzoesäure bzw. feste organische Substanz, in unserem Fall Phenolphtalein) abgewogen. Ein etwa 16 cm langer Zünddraht wird mit Hilfe eines Nagels gewunden (ca. 10 Windungen). Dieser Draht wird in eine Formhülse gegeben. Dabei muss etwas Draht an den Rändern überstehen, damit diese Stücke später mit den Elektroden verbunden werden können. Der zu untersuchende Stoff wird nun ebenfalls in die Formhülse, in der bereits der aufgewundene Draht liegt, gegeben und gemeinsam mit dem Draht zu einer Tablette gepresst. Der Draht unterstützt später die gleichmäßige Entzündung der Tablette. Um später die genaue Masse der Tablette zu bestimmen, müssen der Quarztiegel, der Draht, sowie die Tablette mit dem Draht eingewogen werden.

Die überstehenden Seiten des Zünddrahtes werden durch die Löcher im Tiegel geführt und dann an den Elektroden befestigt. In die Bomben werden ein paar Tropfen destilliertes Wasser gegeben, damit das bei der Reaktion entstehende Wasser flüssig ist. Nun wird die Bombe zusammengeschraubt. Der Schlauch der Sauerstoffflasche wird an das Einlassventil der Bombe geschraubt und die Bombe 10 s mit geöffnetem Auslassventil mit Sauerstoff ausgespült. Anschließend wird das Auslassventil durch Herausdrehen geschlossen und die Bombe mit 18 bar Sauerstoff gefüllt. Das Absperrventil wird geschlossen, der Schlauch entfernt und das Einlassventil verschlossen. Die fertig präparierte Bombe wird nun in ein Wasserbad gestellt, mit einem Deckel verschlossen und die Zündkabel werden an die Zündvorrichtung angeschlossen. Mit dem Multimeter prüfen wir, ob der Zündkreis geschlossen ist, damit die spätere Zündungsreaktion ablaufen kann. Der Rührer, welcher der gleichmäßigen Durchmischung des Wassers dient, und das Thermometerlicht werden angeschaltet.

Nun warten wir 5 min, bis sich annähernd ein Temperaturgleichgewicht eingestellt hat. Der Temperaturverlauf der Vorperiode wird 10 min lang in einem Abstand von jeweils 30 s gemessen. Zum Auslösen des Verbrennungsvorganges wird eine Zündung 2 s betätigt, sodass sich der Stromkreislauf schließt und der Draht zum Glühen gebracht wird. Ist die Probe korrekt eingebaut und der Zünddraht intakt und fachgemäß an den Elektroden befestigt, so leuchtet kurz eine Kontrolllampe auf. In der Verbrennungsbombe verbrennt nun in der Hauptperiode, in der wir alle 10 s die Temperatur messen, der Stoff in einer Sauerstoffathmoshäre und unter hohem Druck. Nach drei gleichen Temperaturwerten beginnt die Nachperiode, in der wir 10 min lang alle 30 s die Temperatur messen. Danach wird die Messung beendet.

Der Rührer und die Thermobeleuchtung werden ausgeschaltet und die Bombe entnommen. Das Zündkabel wird abgezogen und anschließend wird das Auslassventil geöffnet, damit der überschüssige Sauerstoff (Überdruck) entweichen kann. Nach dem Öffnen der Überwurfmutter wird der Bombenkopf der Bombe vorsichtig entnommen. Die Drahtreste und der Tiegel werden erneut gewogen und die Werte notiert. Durch das Wiegen des Tiegels gewährleisten wir die Ermittlung der unverbrannten Substanz (Ruß), welche wir für die Ermittlung der Wärmekapazität berücksichtigen müssen.

Nach Reinigung des Tiegels wird der Versuch mit der zweiten Probe analog wiederholt.

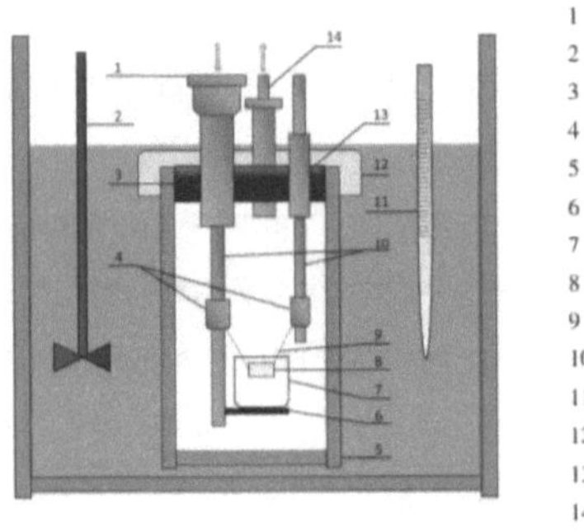

Abbildung 1: Schematische Ansicht der Bombe eines Flüssigkeitskalorimeters
Quelle: Hoffmann, Versuchsvorschrift für V2, S.6.

5. Messwerte

5.1 Tabellarische Darstellung der Messwerte

m Benzoesäure: 0,3234 g

m Zünddraht vorher: 0,0118 g

m Zünddraht nachher: 0,0055 g

m Quarzstiegel ohne Tablette: 5,4759 g

m Quarzstiegel mit Tablette: 5,8129 g

m Quarzstiegel nachher: 5,4804 g

m Phenolphtalein: 0,3592 g

m Zünddraht vorher: 0,0107 g

m Zünddraht nachher: 0,0046 g

m Quarzstiegel ohne Tablette: 5,4276 g

m Quarzstiegel mit Tablette: 5,7970 g

m Quarzstiegel nachher: 5,4314 g

Tabelle 1: Vorgegebene zeitabhängige Temperaturänderung bei der Benzoesäureverbrennung (Kalibierung).

Vorperiode		Hauptperiode		Nachperiode	
t/min	T/°C	t/s	T/°C	t/min	T/°C
0,5	18,51	10	18,69	0,5	19,13
1,0	18,52	20	18,71	1,0	19,13
1,5	18,52	30	18,75	1,5	19,14
2,0	18,52	40	18,80	2,0	19,15
2,5	18,52	50	18,86	2,5	19,16
3,0	18,52	60	18,95	3,0	19,16
3,5	18,52	70	18,99	3,5	19,16
4,0	18,52	80	19,05	4,0	19,17
4,5	18,52	90	19,09	4,5	19,17
5,0	18,52	100	19,13	5,0	19,17
5,5	18,52	110	19,16	5,5	19,17
6,0	18,52	120	19,19	6,0	19,17
6,5	18,52	130	19,21	6,5	19,18
7,0	18,52	140	19,24	7,0	19,18
7,5	18,52	150	19,26	7,5	19,18
8,0	18,52	160	19,275	8,0	19,18
8,5	18,52	170	19,30	8,5	19,18
9,0	18,52	180	19,31	9,0	19,18

9,5	18,52	190	19,32	9,5	19,18
10	18,52	200	19,34	10,0	19,18
		210	19,355		
		220	19,36		
		230	19,37		
		240	19,38		
		250	19,39		
		260	19,40		
		270	19,41		
		280	19,412		
		290	19,415		
		300	19,43		
		310	19,435		
		320	19,44		
		330	19,45		
		340	19,45		
		350	19,45		

Tabelle 2: Zeitabhängige Temperaturänderung bei der Verbrennung vom Phenolphtalein.

Vorperiode		Hauptperiode		Nachperiode	
t/min	T/°C	t/s	T/°C	t/min	T/°C
0,5	18,67	10	18,55	0,5	19,13
1,0	18,67	20	18,61	1,0	19,13
1,5	18,67	30	18,68	1,5	19,14
2,0	18,67	40	18,72	2,0	19,15
2,5	18,67	50	18,77	2,5	19,16
3,0	18,67	60	18,82	3,0	19,16
3,5	18,675	70	18,84	3,5	19,16
4,0	18,675	80	18,87	4,0	19,17
4,5	18,68	90	18,90	4,5	19,17
5,0	18,675	100	18,92	5,0	19,17
5,5	18,68	110	18,95	5,5	19,17
6,0	18,68	120	18,97	6,0	19,17
6,5	18,68	130	18,98	6,5	19,18
7,0	18,68	140	19,00	7,0	19,18
7,5	18,68	150	19,00	7,5	19,18
8,0	18,685	160	19,01	8,0	19,18
8,5	18,685	170	19,02	8,5	19,18
9,0	18,69	180	19,03	9,0	19,18
9,5	18,69	190	19,04	9,5	19,18
10	18,69	200	19,05	10,0	19,18
		210	19,06		
		220	19,06		
		230	19,07		
		240	19,08		
		250	19,08		
		260	19,09		
		270	19,09		
		280	19,10		

5.2 Grafische Darstellung der experimentell ermittelten Werte

Die Kalibrier- & Messkurve wurde mit GeoGebra erstellt.

Abbildung 2: Temperatur-Zeit-Diagramm bei der Benzoesäureverbrennung.

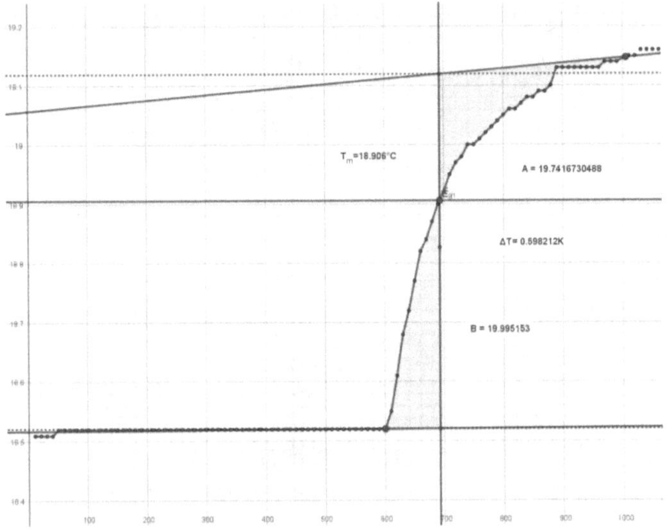

Abbildung 3: Temperatur-Zeit-Diagramm bei der Phenolphtalein-Verbrennung.

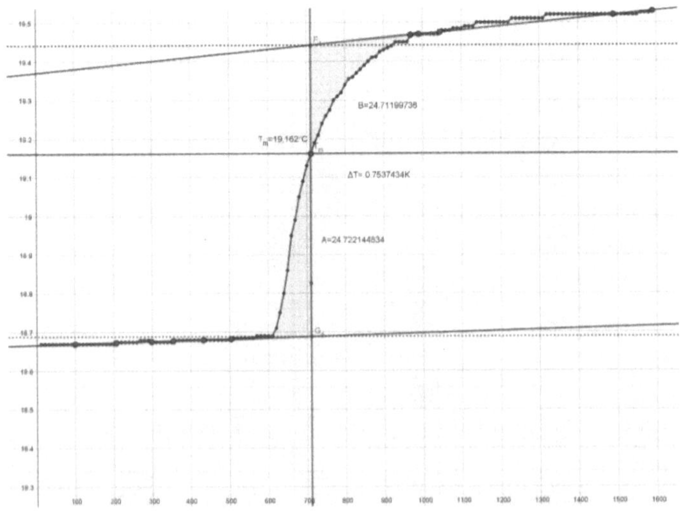

5.3 Rechnungen

Auf die benötigten Gleichungen gingen wir bereits im Theorieteil genauer ein. Aus diesem Grund sollen an dieser Stelle die Rechnungen in Bezug zu diesen bereits vorgestellten Grundlagen erfolgen.

Die Temperaturdifferenz ΔT erhalten wir durch Auswertung des T-t-Diagramms. Mit Hilfe von Extrapolation der Vor- und Nachperiode in die Hauptperiode können Start- und Endtemperaturen (Schnittpunkt der extrapolierten Geraden mit der Senkrechte), sowie die mittlere Temperatur T_m (Schnittpunkt der Senkrechte mit der Geraden) bestimmt werden, sodass sich folgende Werte ergeben.

$\Delta T_{Benzoesäure} = 0{,}598212$ K $\qquad\qquad \Delta T_{Phenolphtalein} = 0{,}7537434$ K

$T_{m\ Benzoesäure} = 18{,}906\ °C = 292{,}055$ K $\qquad T_{m\ Phenolphtalein} = 19{,}126\ °C = 292{,}276$ K

Die Kalorimerterkonstante C_{Kal} ergibt sich über Gleichung 14, 15 und 16. Mit unseren gemessenen Werten ergeben sich folgende (Zwischen-)ergebnisse.

$$\Delta_c U_m = -3228000\ J \cdot mol^{-1} + 0{,}5 \cdot 8{,}314\ J \cdot mol^{-1} \cdot K^{-1} \cdot 292{,}055\ K = -3226786\ J = -3226{,}786\ kJ/mol \tag{17}$$

Zu Berechnung von ΔQ_c ergibt sich n über die molare Masse der Benzoesäure und der Masse der Tablette.

$$n = \frac{m}{M} = \frac{0{,}3234\ g}{122{,}121\ \frac{g}{mol}} = 0{,}002648\ mol \tag{18}$$

Q_{Draht} und $Q_{Ruß}$ sind vorgegeben.

$$Q_{Draht} = -6.65\ kJ\ g^{-1}$$

$$Q_{Ruß} = -34.16\ kJ\ g^{-1}$$

$m_{Ruß}$ berechnet sich aus der Differenz der Masse des Quarztiegels ohne Tablette und der Masse des Quarztiegels nachher.

$$\Delta Q_c = 3226{,}786\ kJ/mol \cdot 0{,}002648\ mol + (0{,}0118\ g - 0{,}0055\ g \cdot -6.65\ kJ\ g^{-1} - 0{,}0045\ g \cdot -34.16\ kJ\ g^{-1}) = 8{,}746624382\ kJ \tag{19}$$

$$C_{Kal} = \frac{\Delta Q}{\Delta T} = \frac{8{,}746624382\ kJ}{0{,}598212\ K} = 14{,}621\ kJ/K \tag{20}$$

Mit Hilfe von Gleichung 10 und 11 können wir die molare Innere Energie $\Delta_c U_m$ und die molare Verbrennungsenthalpie $\Delta_c H_m$ bestimmen.

Die Stoffmenge $n_{Phenolphtalein}$ wurde mit Hilfe der molaren Masse[1] und der abgewogenen Stoffmenge berechnet.

[1] Quelle 5

$$n = \frac{m}{M} = \frac{0,3592\ \mathrm{g}}{318,31\ \frac{g}{mol}} \approx 0,0009\ \mathrm{mol} \tag{21}$$

$$\Delta_c U_m$$
$$= \frac{-14,621\,\frac{kJ}{K} \cdot 0,7537434\ \mathrm{K} - (0,0107\ \mathrm{g} - 0,0046\ \mathrm{g}) \cdot -6.65\ \mathrm{kJ}\ g^{-1} + 0,0038\ g \cdot -34.16\ kJ\ g^{-1}}{0,0009\ \mathrm{mol}}$$
$$= -\ 13642{,}21917\ \mathrm{kJ/mol} \tag{22}$$

Δv_g erhalten wir aus der Betrachtung der Gleichung 2 der Verbrennung. Δn ist dabei $n_{Produkt}$ - n_{Edukt} der gasförmigen Reaktanten der Reaktionsgleichung. Gemäß Gleichung 13 ergibts sich für Phenolphtalein folgende Rechnung.

$$\Delta v_g = \frac{-1,5\ mol}{1\ mol} = -1,5 \tag{23}$$

$$\Delta_c H_m = -\ 13642{,}21917\,\frac{\mathrm{kJ}}{\mathrm{mol}} - 1,5 \cdot 8,314\ \mathrm{J\ K} \cdot \mathrm{mol} \cdot 292{,}276\ \mathrm{K}$$
$$= -14080{,}63317\,\frac{\mathrm{kJ}}{\mathrm{mol}} \tag{24}$$

6. Diskussion möglicher Fehler – Fehlerbetrachtung, Fehlerabschätzung und Fehlerberechnung

6.1 Qualitative Fehlerbetrachtung

In unserem Versuch vernachlässigen wir die Abgabe von Wärme an die Umgebung des Systems. Das Wasserbad gibt jedoch Wärme an die Umgebung ab, sodass eine isotherme Betrachtung nur mit entsprechenden Ungenauigkeiten vereinbar ist. Somit sind möglicherweise Abweichung bei der Messung der Temperatur entstanden.

Ebenso müssen wir von Messungenauigkeiten beim Ablesen des Thermometers ausgehen.

Auch die Waage besitzt eine Messungenauigkeit von $\pm\ 0,1\ mg$.

Ebenso können Messungenauigkeiten beim Pressen der Tablette entstanden sein, da etwas Substanz in der Apparatur verblieb.

6.2 Fehlerabschätzung für ΔT und T_m

Diese beiden Größen konnten nur näherungsweise aus dem Schnittpunkt der Senkrechten aus dem jeweiligen Temperatur-Zeit-Diagramm ermittelt werden. Ebenso müssen wir von einer Messungenauigkeit aufgrund der Thermometerskale von 0,05 K ausgehen.

6.3 Größtfehlerberechnung für C_{Kal}, $\Delta_c U_m$, $\Delta_c H_m$ und alle Zwischenergebnisse

In folgendem werden die Korrekturen für Ruß und Draht vernachlässigt.

6.3.1 Fehlerberechnung für $\Delta_c U_m$ (Benzoesäure)

Fehlerbehaftete Größen für die Berechnung von $\Delta_c U_m$ sind T_m und $\Delta_c H_m$. Entsprechend der Gleichung 2 können wir den Größtfehler wie folgt berechnen.

$$u(\Delta_c U_m) = \left|\frac{\partial \Delta_c U_m}{\partial \Delta_c H_m}\right| \cdot u(\Delta_c H_m) + \left|\frac{\partial \Delta_c U_m}{\partial T_m}\right| \cdot u(T_m) = |-1| * 4\frac{kJ}{mol} + |\Delta v_g \cdot R| * 0.05K =$$

$$4\frac{kJ}{mol}$$

Der relative Fehler berechnet sich wie folgt.

$$\frac{4\frac{kJ}{mol}}{-3226{,}786 \ kJ/mol} \cdot 100 = 0{,}124\%$$

6.3.3 Fehlerberechnung für C_{Kal}

Für den Fehler der Kalorimeterkonstante muss erst der Fehler für die Verbrennungswärme bestimmt werden. Aus Gleichung 15 und den gegebenen Größen ist ersichtlich, dass $\Delta_c U_m$ und n fehlerbehaftet sind.

$$u(\Delta Q_c) = \left|\frac{\partial \Delta Q_c}{\partial \Delta_c U_m}\right| \cdot u(\Delta_c U_m) + \left|\frac{\partial \Delta Q_c}{\partial m}\right| \cdot u(m) + \left|\frac{\partial \Delta Q_c}{\partial m_{Draht}}\right| \cdot u(m) + \left|\frac{\partial \Delta Q_c}{\partial m_{Ruß}}\right| \cdot u(m)$$

$$u(\Delta Q_c) = \frac{m}{M} * u(\Delta_c U_m) + \frac{\Delta_c U_m}{M} u(m) = 0{,}0173 kJ$$

Mit diesem Wert und dem Temperaturfehler kann nun $u(C_{Kal})$ berechnet werden.

$$u(C_{Kal}) = \left|\frac{\partial C_{Kal}}{\partial \Delta Q_c}\right| \cdot u(\Delta Q_c) + \left|\frac{\partial C_{Kal}}{\partial \Delta T}\right| \cdot u(\Delta T) = \frac{1}{\Delta T} * u(\Delta Q_c) + \frac{\Delta Q_c}{\Delta T^2} * u(\Delta T) = 1{,}251\frac{kJ}{K}$$

Der relative Fehler berechnet sich wie folgt.

$$\frac{1{,}251\frac{kJ}{K}}{14{,}621 \ kJ/K} \cdot 100 = 8{,}556\%$$

6.3.2 Fehlerberechnung für $\Delta_C U_m$ und $\Delta_C H_m$ von Phenolphtalein

$$u(\Delta_C U_m) = \left|\frac{\partial \Delta_C U_m}{\partial C_{Kal}}\right| \cdot u(C_{Kal}) + \left|\frac{\partial \Delta_C U_m}{\partial \Delta T}\right| \cdot u(\Delta T) + \left|\frac{\partial \Delta_C U_m}{\partial n}\right| \cdot u(n) = \frac{\frac{\Delta T}{n} 1{,}251 kJ}{K} + \frac{C_{Kal}}{n} *$$

$$0.05K + \frac{C_{Kal} * \Delta T}{n^2} * \frac{0{,}0001}{318{,}31} mol = 1864{,}195 \frac{kJ}{mol}$$

Der relative Fehler berechnet sich wie folgt.

$$\frac{1864{,}195 \frac{kJ}{mol}}{-13642{,}21917 \frac{kJ}{mol}} \cdot 100 = 13{,}665\%$$

$$u(\Delta_C H_m) = \left|\frac{\partial \Delta_C H_m}{\partial \Delta_C U_m}\right| \cdot u(\Delta_C U_m) + \left|\frac{\partial \Delta_C H_m}{\partial T_m}\right| \cdot u(T_m) = 1864{,}195 \frac{kJ}{mol} + \left|\Delta v_g \cdot R\right| * 0{,}05K =$$

$$1863{,}819 \frac{kJ}{mol}$$

Der relative Fehler berechnet sich wie folgt.

$$\frac{1863{,}819 \frac{kJ}{mol}}{-14080{,}63317 \frac{kJ}{mol}} \cdot 100 = 13{,}237\%$$

7. Zusammenfassung und Auswertung der Versuchsergebnisse

Es waren keine Literaturwerte für die Verbrennungsreaktion von Phenolphtalein zu finden, es ist jedoch davon auszugehen, dass unsere Werte von den entsprechenden Theoriewerten aufgrund der nicht idealen Versuchsbedingungen und entstandener Fehler (siehe Fehlerabschätzung und Fehlerberechnung) stark abweichen.

Durch die Messung der Temperatur in Abhängigkeit zur Zeit während einer Verbrennungsreaktion ist es rechnerisch möglich, Rückschlüsse auf die Innere molare Energie und Enthalpie zu ziehen. Hierfür benötigt man eine Kalibriersubstanz mit bekannter Verbrennungsenthalpie.

Im Folgenden sind die Versuchsergebnisse tabellarisch dargestellt.

Tabelle 3: Temperaturdifferenzen und mittlere Temperatur

	Benzoesäure	Phenolphtalein
ΔT in K	0,598	0,753
T_m in K	292,055	292,276

Tabelle 4: Ermittelte Größen und deren Fehler

Größe	
C_{Kal} in kJ/mol	$14{,}621 \pm 4$
$\Delta_C U_{m\ Benzoesäure}$ in kJ/mol	$-3226{,}786 \pm 1{,}251\,\frac{kJ}{K}$
$\Delta_C U_{m\ Phenolphtalein}$ in kJ/mol	$-13642{,}21917 \pm 1864{,}195\,\frac{kJ}{mol}$
$\Delta_C H_{m\ Phenolphtalein}$ in kJ/mol	$-14080{,}63317 \pm 1863{,}819\,\frac{kJ}{mol}$

Entsprechend dieser Werte sehen wir, dass die Verbrennung unserer Kalibriersubstanz nicht so stark exotherm ist, wie die Verbrennung von Phenolphtalein.

8. Literatur- und Abbildungsverzeichnis

[1] Mabschaaf (Hrsg.), Kalorimeter, online verfügbar unter: https://www.chemie.de/lexikon/Kalorimeter.html, zuletzt abgerufen am 21.05.2020

[2] Radke (Hrsg.), Bombenkalorimeter, online verfügbar unter: https://de.wikipedia.org/wiki/Bombenkalorimeter, zuletzt abgerufen am 21.05.2020

[3] Becker (Hrsg.), Formelsammlung bis zum Abitur, 1. Auflage, 2003, Duden Peatec Schulbuchverlag, Berlin

[4] Ender, Praktikum Physikalische Chemie, 1. Auflage, 2015, Springer Verlag GmbH, Heidelberg

[5] CAMEO Chemicals (Hrsg.), https://pubchem.ncbi.nlm.nih.gov/compound/phenolphthalein, zuletzt abgerufen am [23.06.2020].

9. Anhang – experimentell ermittelte Daten

4. Messwerte

4.1 Benzoesäure (Kalibriersubstanz)

$m_{Benzoesäure}$ = 0,5234 g

$m_{Zünddraht\ vorher}$ = 0,0118 g

$m_{Quertiegel\ ohne\ Tablette}$ = 5,4759 g

$m_{Quertiegel\ mit\ Tablette}$ = 5,8129 g

$m_{Zünddraht\ nachher}$ = 0,0055 g

$m_{Quertiegel\ nachher}$ = 5,4804 g

Tabelle 1: Temperatur in Abhängigkeit von der Zeit – Vorperiode

t_0 = 18,51 °C

t / min	T / °C
0,5	18,51
1,0	18,52
1,5	18,52
2,0	18,52
2,5	18,52
3,0	18,52
3,5	18,52
4,0	18,52
4,5	18,52
5,0	18,52
5,5	18,52
6,0	18,52
6,5	18,52
7,0	18,52
7,5	18,52
8,0	18,52
8,5	18,52
9,0	18,52
9,5	18,52
10,0	18,52

Tabelle 2: Temperatur in Abhängigkeit von der Zeit – Hauptperiode

t / s	T / °C
10	18,55
20	18,61
30	18,68
40	18,72
50	18,77
60	18,82
70	18,84
80	18,87
90	18,90
100	18,92
110	18,95
120	18,97
130	18,99
140	19,00
150	19,00
160	19,01
170	19,02
180	19,03
190	19,04
200	19,05
210	19,06
220	19,06
230	19,07
240	19,08
250	19,08
260	19,09
270	19,09
280	19,10

Tabelle 3: Temperatur in Abhängigkeit von der Zeit – Nachperiode

t / min	T / °C
0,5	19,13
1,0	19,13
1,5	19,14
2,0	19,15
2,5	19,16
3,0	19,16
3,5	19,16
4,0	19,17
4,5	19,17
5,0	19,17
5,5	19,17
6,0	19,17
6,5	19,18
7,0	19,18
7,5	19,18
8,0	19,18
8,5	19,18
9,0	19,18
9,5	19,18
10,0	19,18

Messprotokoll: Experimentell ermittelte Daten

– V2: Energetik von Reaktionen: Verbrennungskalorimetrie –

Praktikumsgruppe: [geschwärzt]
Datum: [geschwärzt]

Tiegel 5,4276 g

Stoff	Tablette mit Draht	Draht	Restdraht	Ruß Tablette Stoff
Benzoes. Phenolphtalein (2) Rudolph-Kali	0,3699 g	0,0107 g	0,0046 g	(0,3727 g)

Tiegel + Probe nachher 5,7970 g

Tabelle 1: Zeitabhängige Temperaturänderung bei der ~~Benzoesäureverbrennung (Kalibrierung)~~ — Verperiode (30 s) / Hauptperiode (ΔmaxT) / Nachperiode

#	Uhrzeit	Temperatur in K	Uhrzeit	Temperatur in K	Uhrzeit	Temperatur in K	Uhrzeit	Temperatur in K
1	~~30s~~	18,67		18,69		19,36		19,47
2	~~60s~~	18,67		18,71		19,37		19,47
3		18,67		18,75		19,38		19,48
4		18,67		18,8		19,39		19,485
5		18,67		18,86		19,4		19,49
6		18,67		18,95		19,41		19,5
7		18,675		18,92		19,412		19,5
8		18,675		~~18,95~~ 19,05		19,425		19,5
9		18,68		19,00		19,43		19,51
10		18,675		19,13		19,435		19,51
11		18,675		19,16		19,44		19,51
12		18,68		19,19		19,45		19,52
13		18,68		19,21		19,45		19,52
14		18,68		19,24		19,45		19,52
15		18,68		19,26		19,45		19,52
16		18,68		19,275				19,52
17		18,685		19,3				19,52
18		18,685		19,31				19,52
19		18,69		19,32				19,52
20		18,69		19,34				19,525
21		18,69		19,355				19,53

Waage-Fehler ±0,1 mg

T-Fehler = 0,01 °C

Tiegel nachher (+ Ruß) 5,4314 g

419

18